편의점을 털어 만든
집밥 한 끼

편의점을 털어 만든
집밥 한 끼

초판 1쇄 인쇄 2017년 2월 23일
초판 1쇄 발행 2017년 2월 28일

지은이 문진희
펴낸이 양동현
펴낸곳 아카데미북
　　　　출판등록 제13-493호
　　　　주소 02832, 서울 성북구 동소문로13가길 27
　　　　전화 02) 927-2345 팩스 02) 927-3199

ISBN 978-89-5681-166-6 / 13590

＊잘못 만들어진 책은 구입한 곳에서 바꾸어 드립니다.

www.iacademybook.com

이 도서의 국립중앙도서관 출판시도서목록(CIP)은
e-CIP홈페이지(http://www.nl.go.kr/ecip)와 국가자료공동목록시스템
(http://www.nl.go.kr/kolisnet)에서 이용하실 수 있습니다. CIP제어번호 : CIP2017004881

편의점을 털어 만든
집밥 한 끼

문진희 지음

아카데미북

결혼 전 외국에서 홀로 살던 시절, 스스로 음식을 만들어 먹는다는 것은 저에게 참 어려운 일이었어요. 패스트푸드점과 음식점을 전전하다가 지겨워질 때쯤 직접 만든다는 게 결국 햄, 소시지, 계란 요리가 전부였죠.

시간이 흘러 저와 같은 상황의 친구들과 친해지고 나름대로 건강을 챙기면서 간단하게 먹는 혼밥을 알게 되었어요. 요리 솜씨가 좋으신 엄마 밥을 그리워하며 혼자 내 자신을 챙겨야 한다는 것은 매일 다가오는 숙제와도 같았지요.

오랫동안 요리 공부를 하면서 이젠 숙제를 풀어내게 되었으니 늘 시간이 부족한 맞벌이 부부, 아이들 키우느라 스스로는 되는 대로 막(?) 먹는 엄마들, 혼자 사는 싱글족에게 도움이 되었으면 좋겠다는 생각으로 만들었어요.

너무나도 편한 세상이 되어 한 발자국만 나가면 편의점이 있고 마트가 있어요. 이런저런 제품의 궁합만 잘 맞추면 나름 멋진 혼밥을 만들 수 있지요. 간편한 방법으로 끼니를 챙기되, 좀 더 맛있고 만족할 수 있는 선물 같은 한 끼를 만들어 봐요.

이 책이 나오기까지 도움을 주신 출판사, 감성 가득한 사진을 찍어 주신 기성율 님, 언니 같고 인생 친구 같은 존경하는 최주영 선생님, 곁에서 묵묵하게 자리 지켜 주며 바쁜 와중에도 한걸음에 달려와 도와 준 난이에게도 감사드려요. 사랑하는 우리 깜보! 감사합니다.

문진희

Preface • 04

애플 크래미 샌드위치 • 94

치킨 샌드위치 • 96

구운 햄 샌드위치 • 98

불고기 퀘사디아 • 100

옥수수 피자 • 102

돈가스 샌드위치 • 104

자투리 마늘빵, 달달빵 • 106

이 책에 쓰인 재료의 목측량 CHECK

- 즉석밥 1개 = 210g
- 냉동볶음밥 1봉 = 230g
- 양파(중간 크기) 1개 = 160g
- 오이 1개(중간 크기) = 150g
- 당근(중간 크기) 1개 = 250g
- 양배추 잎(겉잎) 1장 = 30g

- 1T(1큰술) = 15ml
- 1t(1작은술) = 5ml
- 1C(1계량컵) = 200ml(종이컵으로 대신할 때 넘치듯이 꽉 채우면 양이 같음)

01 밥전

 **READY**

채소 밥전

즉석밥	100g(½개)
냉동 채소(자투리 채소)	3T
달걀	1개
깨소금	½t
소금 · 후춧가루	약간

참치 밥전

즉석밥	100g(½개)
참치캔	3T(작은 것 ⅓개)
달걀	1개
다진 양파	2T
깨소금	1t
소금 · 후춧가루	약간

김치 밥전

즉석밥	100g(½개)
다진 김치	2T
달걀	1개
다진 스팸	1T
참기름	약간

스팸 밥전

즉석밥	100g(½개)
파	1T
달걀	1개
깨소금	½t

추가 재료

식용유	적당량

RECIPE

1 즉석밥은 데우지 않고 그냥 사용해요.

2 네 가지로 구분한 재료들을 각각 볼에 넣고 잘 섞어요.

3 달군 팬에 기름을 두른 뒤 섞은 밥을 한 스푼씩 떠 놓고 노릇하게 양면을 구워요.

CONVENIENT TIP

다양한 재료들을 넣어
아이들의 간식으로
주어도 좋아요.

네 가지 맛
주먹밥

READY 

후리가케 주먹밥

즉석밥	½개(100g)
후리가케(밥이랑)	2t
참치캔	2T

장아찌 주먹밥

즉석밥	100g
다진 단무지	2T
다진 우엉(김밥용 우엉조림 이용)	2T

멸치 주먹밥

즉석밥	100g
멸치볶음(시판)	4T

김치 주먹밥

즉석밥	100g
다진 김치	2T
단무지	1T

추가 재료

참기름 · 소금 · 깨소금	적당량

RECIPE

1 전자레인지에서 밥을 따뜻하게 데워 볼에 담아요.

2 참기름, 소금, 깨소금을 넣고 잘 섞은 뒤 4등분해 놓아요.

3 ②에 각각의 재료를 넣고 섞은 버무린 뒤 비닐장갑을 끼고 동그랗게 모양을 빚어요.

CONVENIENT TIP

시중에서 파는 후리가케를
구입하여 스크램블 에그, 햄, 치즈,
밑반찬(시금치, 콩나물, 도라지무침) 등을
잘게 다져 넣어도 맛있는
주먹밥이 됩니다.
★김, 콩, 올리브 등으로 장식해서
모양도 예쁘게 만들어 보세요.

START HERE!
Teeny
Follow the m
MILK
MILK
MILK
MILK
Slurp-gulp!
POWELL & HYDE – SAN FRANCISCO
GHIRARDELLI
CHOCOLATE
CHOCO-AID
IT'S FUN & DELICIOUS !
MILK CHOCOLATE
CHOCO-AID
IT'S FUN & DELICIOUS
MILK CHOCOLATE
Let's have a
Special Time !
10 Pieces
CHOCO-AID
Everybody likes
Fun & Delicious
Milk Chocolate.

03
제육 덮밥

즉석밥	1개
냉동 대패삼겹살	200g
시판 제육 소스	1팩
양파	¼개
깨소금	약간

1 양파는 채 썰어요.

2 대패삼겹살에 제육 소스를 넣고 버무려서 30분간 재워요.

3 팬을 달군 뒤 돼지고기를 넣고 볶다가 반쯤 익었을 때 양파를 넣고 한번 더 볶아요.

4 따뜻한 밥 위에 다 익은 고기를 올리고 깨소금을 뿌려요.

CONVENIENT TIP

더 매운맛이나 다양한
맛을 원한다면 고춧가루,
대파, 청양고추, 깻잎, 버섯
등을 넣어 보세요.

04 버섯 불고기 덮밥

READY

즉석밥	1개	새송이 · 팽이 · 느타리버섯	한 줌씩(30g)
불고기용 쇠고기	200g	불고기 소스	4T
양파	¼개	참기름	1t
쪽파	2대	깨소금	약간

RECIPE

2

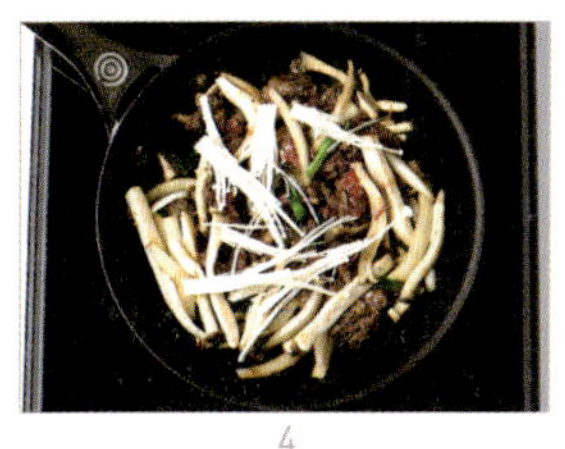

4

1 양파는 채 썰고, 쪽파는 4cm 길이로(손가락 두 마디 정도) 썰어요.

2 고기는 먹기 좋은 크기로 자른 뒤 소스를 넣고 버무려 30분 이상 재워요.

3 팽이버섯은 밑동을 자르고, 느타리버섯은 반으로 가르고, 새송이버섯은 모양을 살려 슬라이스해요.

4 달군 팬에 고기를 볶다가 반쯤 익으면 버섯, 쪽파, 참기름을 넣고 볶아요.

5 따뜻하게 데운 밥 위에 ④를 얹고 깨소금을 뿌려 주세요.

05
낫또
볶음밥

READY

즉석밥	1개	소금 · 후춧가루	약간
낫또	1팩	식용유	약간
달걀	1개	김가루	적당량
김치	50g(종이컵 ½)	**선택 재료**	
참기름	1t	쪽파 · 김가루	약간

RECIPE

2   3   4

1 김치는 물기를 살짝 짜고 송송 썰어요.

2 볼에 달걀과 낫또를 넣고 소금과 참기름을 뿌려 잘 섞어요.

3 달군 팬에 기름을 두르고 밥과 김치를 볶아요.

4 밥이 다 볶아지면 팬의 가장자리에 밀어 놓고 ②를 넣고 스크램블하듯 저으며 볶아 주세요.

5 ④를 접시에 담고 송송 썬 쪽파와 김가루를 뿌려요.

06
명란 크래미 덮밥

즉석밥	1개	쪽파	1대
크래미	2개	참기름	1t
달걀	2개	소금 · 후춧가루	약간
명란젓	½개	식용유	약간

1 크래미는 먹기 좋게 찢어요.

2 볼에 달걀을 풀고, 크래미, 참기름, 소금, 후춧가루 넣어요.

3 달군 팬에 식용유를 두르고 ②를 스크램블하듯 약한 불에 볶아요.

3 명란은 껍질을 제거해 알만 발라요.(혹은 잘게 썰어요.)

4 따뜻하게 데운 밥에 스크램블 에그를 올리고 송송 썬 쪽파와 명란을 올려요.

07
삼겹살 된장 덮밥

즉석밥	1개
대패삼겹살	400g
시판 강된장	3T
쪽파	2대
양파	¼개

1 양파는 채 썰어요.

2 쪽파는 송송 썰어 따로 담아 두어요.

3 달군 팬에 돼지고기, 양파, 강된장을 넣고 볶아요. (기호에 따라 송송 썬 청양고추를 넣어도 좋아요.)

4 따뜻하게 데운 밥 위에 볶은 고기를 올린 뒤 송송 썬 쪽파를 뿌려요.

08
치킨
볶음밥

READY				
즉석밥	1개	버터	1T
남은 치킨	100g	굴소스	½T
대파	⅓대	소금 · 후춧가루	약간
양파	¼개		

RECIPE

3

4

1 치킨은 잘게 자르거나 찢어요.

2 대파는 송송 썰고, 양파는 크게 다져요.

3 달군 팬에 버터를 녹인 뒤 양파를 넣고 볶다가 파와 치킨을 넣고 볶아요.

4 ③에 데운 밥과 굴소스를 넣고 볶아요.

5 ④가 다 볶아지면 소금, 후추로 간을 맞춰 주세요.

CONVENIENT TIP

먹고 남은 배달 치킨이
없을 때는 닭가슴살,
치킨 캔 등을 사용해요.

09
치라시
스시

즉석밥	1개	달걀	1개
오이	50g(⅓개)	단촛물(유부 속에 들어 있는 초밥 소스)	1봉
당근	50g(⅙개)	소금 · 후춧가루	약간
크래미	2개	식용유	약간
초밥용 유부	2장		

| 1 | 2 | 3 |

1 오이와 당근은 반달썰기, 크래미는 결대로 찢기, 유부는 채 썰어요.

2 달걀은 소금, 후춧가루를 넣고 스크램블 에그를 만들어요.

3 따뜻하게 데운 밥에 초밥 소스를 넣고 잘 비벼요.

4 밥 위에 스크램블 에그, 당근, 오이, 크래미, 유부를 예쁘게 올려 주세요.

10
떡갈비
떡볶이

READY

떡국용 떡	100g
냉동 떡갈비	50g
양파	½개
당근	50g
대파	⅓대
새송이버섯	1개(50g)
식용유	약간

소스

불고기 양념 소스	1T
물	1C
참기름	1t
깨소금	1t
소금 · 후춧가루	약간

RECIPE

2

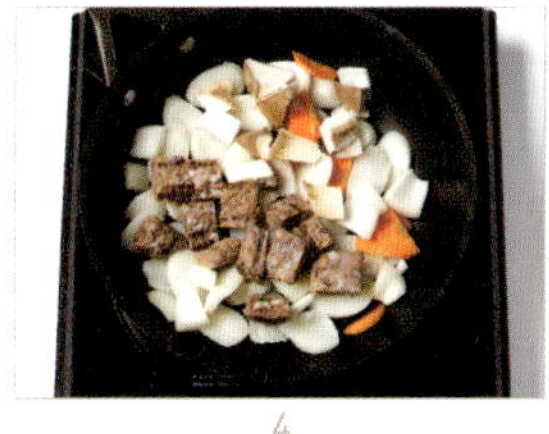

4

1 떡은 찬물에 담가요.

2 떡갈비, 양파는 2×2cm 정도로 네모나게 썰어요.

3 당근은 반달썰기, 대파는 어슷썰기, 새송이버섯은 길이로 반 잘라 반달썰기해요.

4 팬에 기름을 두르고 물기 뺀 떡과 다른 재료들을 모두 넣고 볶아요.

5 ④에 소스 재료를 넣고 중불로 걸쭉해지도록 끓여요.

11
마파두부
덮밥

READY

즉석밥	1개	참기름	1t
두부	½모(150g)	물	50ml(¼컵=3큰술)
쪽파	2대	식용유	약간
시판 마파두부 소스	1팩	소금 · 후춧가루	약간

RECIPE

2

3

1 두부는 2×2cm 크기로 자르고, 쪽파는 송송 썰어 두어요.

2 두부는 기름 두른 팬에 소금, 후춧가루를 뿌려 굴려 가며 노릇하게 구워요.

3 ②의 구운 두부에 소스와 물을 넣고 끓으면 불을 끄고 참기름을 넣어요.

4 데운 밥에 ③을 올리고 쪽파를 뿌려 주세요.

12
치킨 마요
덮밥

<table>
<tr><td>READY</td><td>즉석밥</td><td>1개</td><td>시판 데리야키 소스</td><td>1T</td></tr>
<tr><td></td><td>냉동 치킨 너겟</td><td>4개</td><td>마요네즈</td><td>1T</td></tr>
<tr><td></td><td>양파</td><td>¼개</td><td>후춧가루</td><td>약간</td></tr>
<tr><td></td><td>쪽파</td><td>1대</td><td>식용유</td><td>적당량</td></tr>
</table>

RECIPE

1 팬에 기름을 넉넉히 두르고 달군 뒤 치킨 너겟을 노릇하게 튀기듯 구워요.

2 양파는 채 썰어 데리야키 소스, 소금, 후춧가루를 넣고 볶아요.

3 쪽파는 송송 썰어 두어요.

4 그릇에 밥을 담고 볶은 양파와 치킨 너겟을 올리고 마요네즈와 쪽파를 뿌려요.

CONVENIENT TIP

마요네즈를 일회용 비닐팩
모서리 쪽에 담아 끝을
잘라 짜 주면 펜으로 쓰듯
예쁘게 뿌려 줄 수 있어요.

13
새우볶음밥과
독일식 양배추볶음

READY

냉동 새우볶음밥	1봉	설탕	1T
소시지	2개	식초	1T
양배추	¼통(250g)	소금	½t
버터	1T	식용유	약간

RECIPE

1 소시지는 칼집을 넣어 끓는 물에 데쳐 놓아요.

2 양배추는 채 썰어서 찬물에 헹구어 체에 밭쳐 물기를 제거해요.

3 팬에 버터를 녹이고 양배추를 넣어 볶다가, 설탕 · 식초 · 소금을 넣고 물기가 졸아들 때까지 볶아요.

4 달군 팬에 식용유를 두르고 냉동밥을 4분간 볶아요.

5 접시에 ④의 볶음밥을 담고 ③의 양배추볶음과 ④소시지를 올려 주세요.

CONVENIENT TIP

'사우어 클라우트'라는 독일식 양배추절임은 우리나라의 김치 같은 음식이에요. 개인의 취향에 따라 단맛을 좋아하면 설탕의 양을 늘리고 신맛을 좋아하면 식초의 양을 늘려 주세요.

14
곤드레
크림 리조또

냉동 곤드레밥	1봉
우유	2C
방울토마토	3개
파마산 치즈 가루	2T
슈레드 모차렐라 치즈	3T
후춧가루	약간

1 팬에 우유와 곤드레밥을 넣고 저어 가며 끓여요.

2 우유가 졸아들어 촉촉한 농도가 되면 파마산 치즈 가루와 모차렐라 치즈를 넣고 녹이고 후추를 뿌려서 완성해요

3 마지막으로 방울토마토로 예쁘게 장식해요.

CONVENIENT TIP

식으면 처음보다
많이 되직해지므로 묽다고
생각될 때 불을 꺼 주세요.

15
포르치니
버섯 도리아

냉동 새우볶음밥	1봉	느타리버섯	3~4줄기
포르치니 컵수프	1봉	팽이버섯	⅓봉
슈레드 모차렐라 치즈	50g	물	½C
양송이버섯	1개	후춧가루	약간

1 양송이버섯은 슬라이스하고, 느타리버섯과 팽이버섯은 밑동을 잘라내고 손가락 두 마디 크기로 잘라요.

2 작은 냄비에 수프 가루와 물, 버섯, 후춧가루를 넣어 섞어 약한 불로 저어 가며 끓여요.

3 팬에 식용유를 두르고 냉동 새우볶음밥을 4분간 볶아 그릇에 담아요. (또는 전자레인지에 데워요.)

4 밥 위에 ③을 붓고 모차렐라 치즈를 뿌려 전자레인지에서 치즈가 녹을 때까지 2~3분 돌려 주세요.

어묵 잡채밥

 **READY**

냉동 새우볶음밥	1봉	양파	¼개
즉석 잡채	1팩	쪽파	½대
사각어묵	½장	간장 · 참기름 · 깨소금	1t씩
당근	⅛개	후춧가루 · 식용유	약간

RECIPE

1 어묵, 당근, 양파, 쪽파는 가늘게 채 썰어요. (어묵의 길이는 양파와 비슷하게 해요.)

2 즉석 잡채는 설명서에 나와 있는 대로 조리해 주세요.

3 팬에 기름을 두르고 어묵, 양파, 당근, 쪽파, 간장, 참기름, 후춧가루를 넣고 볶아요.

4 조리해 놓은 즉석잡채를 ③과 섞어요. 달군 팬에 식용유를 두르고 냉동 새우볶음밥을 4분 간 볶아 접시에 담아요.

5 잡채를 볶음밥 위에 듬뿍 얹어 주세요.

CONVENIENT TIP

냉장고에 있는 다양한 재료를
넣어 보세요. 어묵 대신
슬라이스 햄을 가늘게 채 썰거나
크래미를 찢어 넣어도
맛있어요.

17
오므라이스

 **READY**

냉동 새우볶음밥	1봉
달걀	2개
토마토케첩	적당량
소금 두 꼬집	약간
후춧가루	약간

선택 재료

단무지 슬라이스	2쪽
방울토마토	3~4개
샐러드 채소	한 줌

RECIPE

1 달군 팬에 식용유를 두르고 냉동 새우볶음밥을 4분간 볶아 그릇에 담아 둬요.

2 볼에 달걀 2개, 소금, 후춧가루를 넣고 잘 풀어요.

3 달군 팬에 식용유를 살짝만 두르고 풀어 놓은 달걀을 둥글고 넓게 부쳐요.

4 ③이 익으면 볶음밥을 올려 반으로 접어 케첩을 뿌려요.

5 냉장고에 단무지나 방울토마토, 샐러드 채소가 남아 있다면 멋지게 곁들여도 좋아요.

CONVENIENT TIP

몽글몽글한 반숙 오므라이스를 만들고 싶을 땐 팬에 달걀 물을 넣고 젓가락으로 빠르게 저어 주세요. 몽글몽글 달걀이 뭉치기 시작하면 불을 꺼 주세요.

18
짜장밥

READY

냉동 새우볶음밥	1봉	달걀	1개
즉석짜장	1팩	소금 · 후춧가루	약간
양파	½개	식용유	약간
오이	¼개(또는 풋고추)		

RECIPE

1

2

3

1 양파는 2×2cm 크기로 잘라 소금과 후춧가루를 뿌려 팬에 볶아요.

2 볶아 놓은 양파에 짜장을 넣고 데워요.

3 냉동 새우볶음밥은 달군 팬에 식용유를 넣고 4분간 볶아 그릇에 담아요.

4 달걀은 프라이하고, 오이는 채 썰어요.(오이 대신 풋고추를 사용해도 좋아요.)

5 볶음밥에 짜장을 얹고 달걀은 프라이와 채 썬 오이(또는 풋고추)를 올려 주세요.

CONVENIENT TIP

양파는 투명해질 정도로
센 불로 볶아야
간짜장 식감이 나요.

19
토마토
리조또

READY

냉동 새우볶음밥	1인분	파마산 치즈 가루	1T
프랑크 소시지	1개	마늘	2쪽
시판 토마토소스	1컵	식용유	약간

RECIPE

1

2

1 소시지, 마늘은 슬라이스해서 기름 두른 팬에 볶아요.

2 ①에 볶음밥과 토마토소스를 넣고 끓여요.

3 소스가 졸아 농도가 자작해지면 그릇에 담고 치즈 가루를 뿌려요.

4 냉장고에 남아 있는 샐러드 채소나 방울토마토로 장식해도 좋아요.

CONVENIENT TIP
방울토마토나 토마토를
함께 넣고 끓이면
풍미가 한층 짙어져요.

20
매콤
브리또

또르띠야(큰 사이즈)	2장	슈레드 모차렐라 치즈	40g
냉동 낙지볶음밥	1봉	슬라이스 치즈	2장
양상추	3~4장	시판 토마토소스	2T

1 양상추는 씻어서 물기를 털고 채 썰어요.

2 또르띠야는 따뜻할 정도로 기름기 없는 팬에서 데워요.

3 달군 팬에 기름을 두르고 냉동 낙지볶음밥을 4분간 볶다가 불을 끄고 모차렐라 치즈를 넣어 섞어요.

4 또르띠야에 토마토소스를 바른 뒤 슬라이스 치즈를 반으로 잘라 깔고 양상추와 밥을 올려요.

5 김밥 말듯 말면서 양옆을 접어 주세요.

21
명란 연두부 덮밥

냉동 곤드레볶음밥	1봉
연두부	1팩(250g)
명란	1개
쪽파	1~2대
물녹말(물 1T : 녹말 1T)	
물	1C
참기름	1t

1 명란은 길이로 반을 자른 뒤 껍질을 제거하고 알만 발라내요.

2 연두부는 8등분해요.

3 냄비에 물을 넣고 끓기 시작하면 명란을 넣고 잘 풀어요.

4 연두부와 참기름을 넣고 끓으면 물녹말을 넣고 저어서 농도가 걸쭉해지면 불을 꺼 주세요.

5 팬이나 전자레인지에 데운 볶음밥 위에 연두부 소스를 듬뿍 올리고 송송 썬 쪽파를 뿌려요.

22
카레라이스
그라탕

즉석카레	1인분
냉동 새우볶음밥	1봉
모차렐라 치즈	½컵(100g)

1 그릇에 볶음밥을 넣고 랩을 씌워 2분간 전자레인지에 데워요.

2 카레를 밥 위에 부어 다시 랩을 씌우고 2분간 전자레인지에 데워요.

3 카레 위에 모차렐라 치즈를 뿌려 2~3분간 치즈가 녹을 때까지 데워 주세요.

23
콩나물
낙지 덮밥

냉동 낙지볶음밥	1봉	참기름	1t
콩나물	¼봉지	깨소금	1t
시판 볶음고추장	1T		

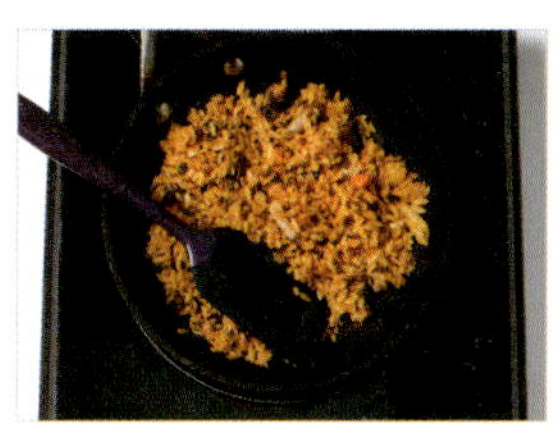

1

3

1 콩나물은 깨끗이 씻어 그릇에 담아 랩을 씌워 전자레인지에 1분간 돌려요.

2 살짝 숨이 죽은 콩나물은 키친타월로 물기를 제거해요.

3 달궈진 팬에 기름을 두르고 냉동 낙지볶음밥을 볶아요.

4 ③의 밥에 콩나물, 고추장, 참기름 넣어 재빠르게 볶아 깨소금을 뿌려 완성해요.

24
라면
오꼬노미야끼

READY	라면	½개	부침가루 반죽	½C 물 ¼C
	양배추	2장(70g)	데리야키 소스	2T
	양파	¼개	마요네즈	2T
	쪽파	3대	가쓰오부시	약간
	베이컨	2장	소금 · 후춧가루	약간
	달걀	1개	식용유	약간

RECIPE

1

4

5

1 양배추, 양파는 채 썰어요.

2 쪽파는 송송 썰어 두어요.

3 베이컨은 손가락 한마디 크기로 잘라요.

4 라면은 삶다가 반 정도 익었을 때 체에 건져요.

5 볼에 부침가루, 달걀, 물, 소금, 후춧가루를 섞은 뒤 ①, ②, ③을 모두 넣어 섞어요.

6 기름 두른 팬에 노릇하게 구워 접시에 담고 데리야키 소스, 마요네즈, 가쓰오부시, 쪽파를 뿌려 주세요.

CONVENIENT TIP

매콤하게 먹고 싶을 땐
반죽에 라면 소스를
조금만 넣어 주세요.

25
카레 우동

READY

우동사리면	1봉
브로콜리	5~6조각
방울토마토	3~4개
카레 가루	3T
우유	2C
돈가스 소스	1T

RECIPE

1

1 냄비에 우유를 담고 카레가루와 돈가스 소스를 넣어 잘 섞어요.

2 브로콜리와 토마토는 잘 씻어서 한입 크기로 잘라요.

3 ①을 끓이다가 우동면과 브로콜리를 넣고 면이 익도록 끓여요.

4 농도가 걸쭉해지면 그릇에 담고 방울토마토와 함께 담아 주세요.

26
우동 샐러드

우동사리면	1봉
양파	¼개
크래미	2개
샐러드 채소	한 줌
시판 참깨 드레싱	½C
선택 재료	
방울토마토	3~4개

RECIPE

1 우동은 끓는 물에 삶아 찬물에 헹궈 체에 건져 물기를 제거해요.

2 양파는 채 썰어 찬물에 5분 정도 담갔다가 건져 물기를 제거해요.

3 샐러드 채소도 찬물에 헹구어 물기를 제거해요.

4 크래미는 먹기 좋게 찢어요.

5 ①, ②, ③, ④에 참깨 드레싱을 넣고 잘 버무리면 완성.

6 남아 있는 방울토마토가 있다면 멋지게 장식해 보세요.

CONVENIENT TIP

우동 샐러드에는
어떤 채소를 넣어도
맛있어요.

27
삼겹살
볶음
우동

READY

우동사리면	1봉	쪽파	2대
대패삼겹살	250g	굴소스	1T
양배추	1장(40g)	간장	1T
양파	¼개	소금 · 후춧가루	약간
당근	⅓개(50g)	가쓰오부시	약간
마늘	1톨	식용유	약간
대파	¼대		

RECIPE

1

3

3

1 양배추와 양파는 굵게 채 썰고, 당근은 반달썰기 해요.

2 우동은 데쳐 체에 건져요.

3 대파는 어슷 썰고 마늘은 슬라이스해요. 쪽파는 송송 썰어 두어요.

4 팬에 기름을 두르고 ③의 대파와 마늘을 볶아요.

5 파와 마늘 향이 나면 대패삼겹살, 굴소스, 간장을 넣고 볶아요.

6 고기가 다 익으면 ①, ②를 넣고 볶다가 소금, 후춧가루로 간을 맞춰요.

7 접시에 담고 송송 썬 쪽파와 가쓰오부시를 뿌려 주세요.

CONVENIENT TIP

가쓰오 맛을 좀 더 느끼고
싶을 땐 우동에 들어 있는
쯔유 소스를 조금 넣고
볶아 주세요

28
검은콩 두유 크림 우동

READY

검은콩 두유	1팩(190ml)	양파	¼개
우동사리면	1봉	쪽파	2대
베이컨	2줄	마늘	1개
느타리 · 새송이 · 팽이버섯	반 줌씩(20g씩)	소금 · 후춧가루	약간

RECIPE

1 느타리버섯은 길이로 찢고, 새송이버섯은 느타리버섯 크기로 썰고, 팽이버섯은 밑동을 잘라내고 길이로 반 잘라요.

2 양파는 채 썰고, 쪽파는 송송 썰고, 마늘은 다져 두어요.

3 베이컨은 손가락 한 마디 길이로 썰어요.

4 프라이팬을 달구어 베이컨, 채 썬 양파, 다진 마늘을 넣고 볶아요.

5 베이컨이 노릇해지면 ②의 버섯을 넣고 볶아요.

6 ⑤에 두유와 우동면을 넣고 끓이다가 소금과 후춧가루로 간을 맞춰요.

7 ⑥을 그릇에 담은 뒤 송송 썬 쪽파를 올려 주세요.

CONVENIENT TIP

어떤 두유라도
쓸 수 있어요. 청양고추를
넣으면 개운한 맛을
느낄 수 있어요.

29
사골 만두 국수

시판 사골국	1봉
소면	100g
냉동 만두	3개
대파	2~3T
소금 · 후춧가루	약간

1 소면은 끓는 물에 삶아 찬물에 헹구어 체에 건져요.

2 소면을 삶는 동안 사골국에 만두를 넣고 끓여요.

3 소금으로 간을 맞춰요.

4 그릇에 소면을 담고 사골국과 만두도 같이 담아요.

5 송송 썬 대파를 올리고 후춧가루를 뿌려 마무리해요.

30
골뱅이
비빔면

READY

비빔면	1개
골뱅이	6~7개
양파	¼개
당근	⅙개
대파	¼대

RECIPE

3-1   3-2   3-3

1 양파는 채 썰어 찬물에 담가 매운맛을 제거해요.

2 대파는 얇게 어슷하게 썰거나 길게 채 썰고 당근은 반달 모양으로 썰어요.

3 비빔면과 골뱅이는 함께 삶아 건져요.

4 모든 재료를 비빔면 소스에 버무려 주세요.

CONVENIENT TIP

참기름과 고추장을
첨가해 드셔도 좋아요.

31
어묵 국수

즉석 어묵탕	1개(360g)
중면 한 줌	100g
감동란(반숙 계란)	1개
대파	¼대

1 중면은 삶아 체에 건져요.

2 파는 어슷 썰어 두어요.

3 냄비에 어묵탕을 넣고 끓으면 ①의 중면을 넣어요.

4 ③을 그릇에 담고 파와 감동란을 올려 주세요.

CONVENIENT TIP

면은 소면이나
우동 어느 것이라도 좋아요
면 1인분은 손으로 잡았을 때
500원 동전 크기예요.

32
소시지
냉파스타

READY

리본 파스타	60g	다진 양파	2T
방울토마토	6~7개	다진 마늘	1T
프랑크 소시지	1개	올리브 오일	2T
스트링 치즈	1개	소금 · 후춧가루	약간
캔옥수수	2T		

RECIPE

4

5

1 파스타는 10~11분간 삶아서 찬물에 헹구어 올리브 오일과 소금, 후춧가루에 버무려요.

2 소시지와 치즈는 한입 크기로 잘라요.

3 방울토마토는 반으로 잘라요.

4 팬에 올리브 오일을 두르고 마늘과 양파를 넣고 볶아 향을 낸 뒤 소시지를 넣어 볶아요.

5 ④를 식힌 뒤 ①, ②, ③을 넣고 섞으면서 소금과 후추로 간을 맞춰요.

33
미트볼
파스타

시판 미트볼	5~6개
파스타면	50g
양파(다진 것)	2T
토마토소스	½C
파마산 치즈 가루	1T
물	¼C
올리브 오일	약간

1 팬에 올리브 오일을 두르고 다진 양파를 투명해질 때까지 볶아요.

2 ①의 양파에 미트볼, 토마토소스, 물을 넣고 끓여 주세요.

3 미트볼이 익는 동안 파스타면을 삶아요.

4 면이 익으면 건져서 ②에 넣어 잘 섞은 뒤 접시에 담고 파마산 치즈를 뿌려 주세요.

34
연어 파스타

READY

파스타면	70g	올리브 오일	2T
연어 통조림	1캔	쪽파	2대
방울토마토	2~3개	물	1C
마늘	2쪽	소금	1t
양파	¼개	후춧가루	약간

RECIPE

2

3

1 방울토마토는 반으로, 마늘은 슬라이스하고, 양파는 1× 1cm 크기로 다지고, 쪽파는 송송 썰어 두어요.

2 냄비에 올리브 오일, 마늘, 양파, 소금, 후춧가루를 넣고 볶다가 향이 나면 토마토와 연어를 넣고 한번 더 볶아요.

3 ②에 파스타와 물을 넣고 뚜껑을 닫은 뒤 약불에서 15분간 끓여요.

4 소스가 자작해지면 그릇에 담고 송송 썬 쪽파를 뿌려 주세요.

CONVENIENT TIP

원팟 파스타는
만드는 냄비마다 차이가
있으니 끓일 때 중간에 물의
양을 조절하세요.

35
고추참치 복음 라면

라면	1봉
고추참치 캔	1개
양파	¼개
대파	⅓대
쪽파	1대
소금 · 후춧가루	약간

1 양파는 채 썰고, 대파는 어슷 썰고, 쪽파는 송송 썰어요.

2 라면은 끓는 물에 삶아 건져요.

3 팬을 달구어 고추참치, 양파, 대파를 넣고 볶아요.

4 ③의 대파와 양파가 익으면 ②의 라면을 넣고 한번 더 볶아요.

5 ④에 소금과 후추를 넣어 간을 맞춘 뒤 그릇에 담고 쪽파를 뿌려 주세요.

CONVENIENT TIP

조금 더 강한 맛을 원한다면 라면 스프를 넣어 주세요.

36
불족발
볶음 라면

라면	1봉
시판 족발	1팩
양파	¼개
대파	¼대
청양고추	1개
시판 떡볶기 양념	4T
물	¼C

1 양파는 2×2cm 크기로 자르고, 대파는 어슷 썰어요.

2 청양고추는 송송 썰어요.

3 라면은 반만 익을 정도로 삶아 건져요.

4 팬에 족발과 양파, 대파를 넣고 센 불에서 볶아요.

5 불을 줄인 뒤 양념장, 라면, 청양고추를 넣고 물기가 없도록 볶아 주세요.

37
삼겹살
쌀국수

READY				
시판 쌀국수	1봉		청양고추	1개
냉동 대패삼겹살	150g		양파	¼개
쪽파	2대			

1

3

4

1 삼겹살은 끓는 물에 데쳐 건져요.

2 쪽파와 청양고추는 송송 썰어요.

3 양파는 채 썰어 찬물에 담가 매운맛을 제거해 주세요.

4 쌀국수는 설명서대로 물과 소스를 넣고 삼겹살을 더해서 끓여요.

5 쌀국수를 그릇에 담고 양파, 청양고추, 쪽파를 올려 주세요.

CONVENIENT TIP

삼겹살을 먹다 남은 맥주에
삶으면 냄새가 제거돼요.
완성된 쌀국수에 숙주와 레몬즙을
넣으면 풍미가 살아나요.

38
토마토
냉우동

READY

우동면	1봉	레몬즙	1T
토마토	1개	쯔유(우동에 들어 있는 소스 사용)	1봉
아삭이고추	1개	물	1C

RECIPE

1

2

4

1 토마토는 십자 모양으로 칼집을 낸 뒤 끓는 물에 삶아 껍질을 벗겨요.

2 껍질 벗긴 토마토는 으깨서 냉장고에 넣어 차갑게 식혀요.

3 우동은 삶아 찬물에 헹궈 체에 건져 물기를 털고 그릇에 담아요.

4 아삭이고추는 4cm 길이로 채 썰어요.

5 물 1C에 쯔유 소스, 으깬 토마토, 레몬즙을 넣어요.

6 ③의 우동에 ⑤를 붓고 버무려 그릇에 담고 채 썬 아삭이고추를 위에 얹어 주세요.

CONVENIENT TIP

쯔유는 소스마다 간이 다르므로
맛을 봐 가며 넣어 주세요.
토마토를 으깰 때는 비닐장갑을 끼고
손으로 주물러 으깨 주세요.
아삭이고추 대신 피망이나
파프리카도 좋아요.

39
중화풍 호빵

고기 호빵	1개
양파	¼개
피망	¼개
아삭이고추	1개
고춧가루	1T
식용유	1T

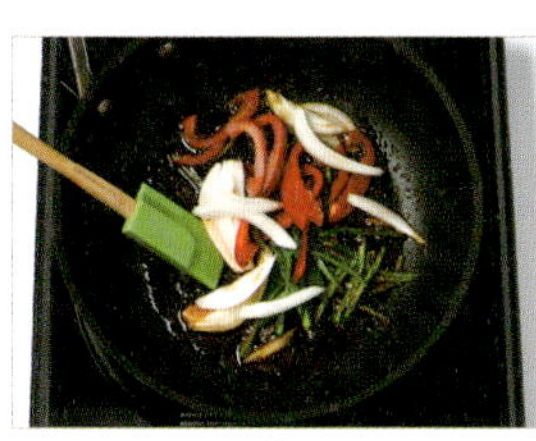

2   3

1 양파, 피망, 아삭이고추는 채 썰어 주세요.

2 약불에 팬을 올리고 식용유와 고춧가루를 넣고 고추기름이 나도록 볶아요.

3 색이 변하면 ①의 채소를 넣고 센 불에서 빠르게 볶아요.

4 호빵은 따뜻하게 데운 뒤 두께의 반으로 칼집을 넣어 ⅔ 깊이까지 잘라요.

5 호빵 사이에 ③의 볶은 채소를 넣어 주세요.

le etiquette
efinitel asant to very
ner g ot a goo
est s
invo
ice
sauces.
sts
cy

40
미니 핫도그

모닝빵	2개
비엔나소시지	4개
양상추	1장
다진 피클	2T(피자 배달 시 남은 피클 이용)
다진 양파	2T
케첩	2t
머스터드	2t

1 모닝빵은 반으로 갈라 달궈진 팬에 안쪽 면만 노릇하게 구워요.

2 비엔나소시지는 칼집을 넣어 끓는 물에 데쳐요.

3 양상추는 가늘게 채 썰어요.

4 모닝빵에 양상추, 피클, 양파를 넣고 소시지를 올린 뒤 케첩과 머스터드를 뿌려 완성해 주세요.

41 떡갈비 버거

READY	모닝빵	2개	토마토	½개
	냉동 떡갈비	2개	양파	¼개
	슬라이스 치즈	1장	돈가스 소스	1T
	양상추	1장	마요네즈	1T

RECIPE

1

4

1 모닝빵은 반으로 잘라 달궈진 팬에 안쪽 면만 구워요.

2 양상추는 빵 크기로 잘라요.

3 토마토와 양파는 모양을 살려 동그랗게 슬라이스해요.

4 팬을 달구어 떡갈비를 구운 뒤 불을 끄고 치즈를 반으로 잘라 올려요.

5 빵에 마요네즈를 바르고, 양상추, 토마토, 양파, 떡갈비를 차례로 얹고 돈가스 소스를 뿌린 뒤 나머지 빵을 덮어 완성해 주세요.

CONVENIENT TIP

떡갈비 대신 동그랑땡이나
불고기를 넣어도 맛있어요
돈가스 소스 대신 데리야키 소스를
넣으면 달콤함을 느낄 수 있어요

42
감자
샌드위치

READY

식빵	2장	**소스**	
감자	1개	플레인 요거트	½개
소시지	2개	크림치즈	2T
다진 피클	40g	설탕 · 식초	1T
양파	¼개	소금 · 후춧가루	약간

RECIPE

1 감자는 삶아서 뜨거울 때 으깨요.

2 양파는 얇게 채 썰어 물에 5분 정도 담가 매운맛을 제거해요.

3 소시지는 원형으로 슬라이스해서 데쳐 내요.

4 볼에 소스의 재료들을 잘 섞은 뒤 ①, ②, ③과 잘 버무려요.

6 빵 한쪽 면에 ④를 듬뿍 올린 뒤 나머지 빵으로 덮어요.

CONVENIENT TIP

빵이 없을 때는
샐러드 채소와 함께 드셔도 좋아요.
편의점에서 파는 감자샐러드로
만들어도 좋아요 ^^

43
애플 크래미 샌드위치

식빵	2장
슬라이스 치즈	1장
사과	¼개
크래미	2개
마요네즈	2T
와사비	½t

1 사과는 슬라이스하여 설탕물에 5분간 담갔다가 꺼내 물기를 제거해요.

2 크래미는 모양을 살려 반으로 넓게 슬라이스해요.

3 마요네즈와 와사비는 잘 섞어 주세요.

4 빵 한쪽 면에 소스를 바르고, 치즈 · 사과 · 크래미를 올린 뒤 남은 빵에도 소스를 발라 덮어 주세요.

TRUDE
JACKY
MARYLIN
JULIE
BARBARA

44
치킨 샌드위치

식빵	2장
치킨(먹고 남은 배달 치킨)	1C
슬라이스 치즈	1장
양배추	1장
당근	⅛개
오이	⅙개

소스

마요네즈	3T
케첩	2T
후춧가루	약간

1 치킨은 잘게 찢어요.

2 양배추와 당근은 채 썰어요.

3 오이는 어슷하게 썰어요.

4 볼에 ①, ②를 담고, 소스를 넣고 잘 버무려요.

5 식빵에 슬라이스 치즈와 오이를 올린 뒤 ④를 듬뿍 올려 주세요.

45
구운 햄
샌드위치

식빵	1장
슬라이스 햄	2장
슬라이스 치즈	1장
슈레드 모차렐라 치즈	적당량

소스	
마요네즈	1T
머스터드	½T
소금 · 후춧가루	약간

1 마요네즈, 머스터드, 소금, 후추를 잘 섞은 뒤 식빵에 발라 주어요.

2 ①의 식빵에 햄과 슬라이스 치즈를 얹고, 그 위에 모차렐라 치즈를 올려 주어요.

3 ②를 전자레인지에 3분간 돌려 모차렐라 치즈를 녹이면 완성.

CONVENIENT TIP

머스터드마요 소스 대신
베시멜 소스를 발라 주면
깊고 고소한 맛을
느낄 수 있어요.

46
불고기
퀘사디아

 **READY**

또르띠야	2장	파프리카	½개
불고기용 쇠고기	150g	시판 불고기 양념	2T
슬라이스 치즈	2장	소금 · 후춧가루	약간
모차렐라 치즈	60g	식용유	약간
양파	¼개		

 **RECIPE**

3

5

1 불고기용 쇠고기는 먹기 좋게 썰어 불고기 양념에 재워요.

2 양파와 파프리카는 채 썰어서 팬에 기름을 두르고 소금과 후추로 간하여 볶아요.

3 ①의 불고기는 국물이 없도록 바싹 볶아요.

4 또르띠야에 모차렐라 치즈, 불고기, 볶은 채소, 슬라이스 치즈 순으로 올린 뒤 반으로 접어요.

5 약불에 팬을 올리고 ④를 올려 치즈가 녹을 때까지 노릇하게 양면을 구워요.

CONVENIENT TIP

불고기 대신
남은 치킨으로
해도 좋아요.

TONGS
CHEF'S KNIFE
ING KNIFE
SERRATED
KNIFE
MEASURING
SPOONS
ZESTER
SLOTTED SPOON
G CUP
47
옥수수
피자

READY

또르띠야	2장	모차렐라 치즈	1C
캔 옥수수	1C	마요네즈	2T
베이컨	2줄	소금	약간
슬라이스 치즈	1장		

RECIPE

4-1

4-2

1 또르띠야 위에 마요네즈를 발라요.

2 베이컨은 손가락 한 마디 넓이로 잘라 팬에 바싹 구워요.

3 슬라이스 치즈는 6등분해요.

4 또르띠야 → 마요네즈 → 옥수수 → 모차렐라 치즈 → 또르띠야 → 마요네즈 → 옥수수 → 모차렐라 치즈 → 베이컨 → 슬라이스 치즈 순으로 올려 전자레인지에 7~8분간 돌려 주세요.

베사멜 소스 만들기

1 소스 팬에 버터(1T), 밀가루(1T)를 동량으로 넣고 약불에서 볶아요.

2 우유(½C)을 조금씩 넣어 가며 요거트 정도의 농도가 되면 소금, 후추로 간을 맞춰 주세요.

오븐에서 구워 주면 모차렐라 치즈가 노릇해져 식감이 좋아져요. 마요네즈 대신 베사멜 소스를 발라 주면 고소한 맛이 더 깊어져요. 완성된 피자에 파슬리 가루를 뿌려 주면 더욱 먹고 싶어지는 피자가 된답니다.

48
돈가스 샌드위치

식빵	2장
냉동 돈가스	1장
양배추	1장
돈가스 소스	2T
마요네즈	2T
식용유	적당량

1 식빵은 테두리를 잘라요.

2 양배추는 얇게 채 썰어 찬물에 담갔다가 체에 건져 물기를 제거해요.

3 돈가스는 팬에 기름을 넉넉히 넣고 달구어 바삭하게 튀겨요.

4 식빵에 마요네즈 바르고 양배추를 올린 뒤 ③의 돈가스를 올리고 돈가스 소스를 뿌린 다음 나머지 빵에도 마요네즈를 발라 덮어 주세요.

49
자투리 마늘빵,
달달빵

READY

마늘빵	
자투리 식빵	12조각(식빵 3개 분량 자투리)
버터	2T
다진 마늘	1T
설탕, 소금, 파슬리 가루	약간씩

달달빵	
자투리 식빵	12조각
버터	2T
설탕	1 ½T

RECIPE

마늘빵

1 팬에 버터, 다진 마늘, 설탕, 소금을 넣고 버터가 녹으면 식빵을 넣고 노릇하게 구워요.

2 구운 식빵을 접시에 담고 파슬리 가루를 뿌려 주세요.

달달빵

팬에 모든 재료를 넣고 설탕이 녹으면 식빵을 넣고 노릇하게 구워 주세요.

CONVENIENT TIP

불이 너무 세면
쉽게 타 버리고
너무 약하면 눅눅해져요.